너의 모든 순간을 기억할게

생후 0~12개월 아기 성장 다이어리

SundayB

썬비 지음

너의 모든 순간을 기억할게

생후 0~12개월 아기 성장 다이어리

이름

생일

엄마

아빠

위즈덤하우스

사랑하는 ______________ 에게

My dear Baby

차례

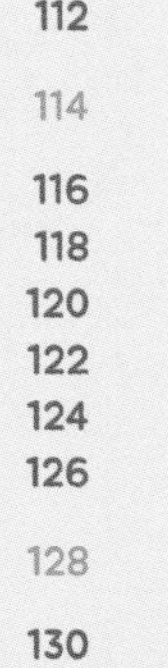

Date

어떻게 생겼을까?

어떤 느낌일까?

생각하고 또 생각했어.

하지만 네 얼굴을 보는 순간 그냥 웃음이 나왔어.

엄마는 너와의 첫 만남을 평생 잊지 못할 거야.

너를 만난 첫날

_______ *days*

Date

너의 이름을 지으려고 몇 날 며칠을 고민했어.

정말 너에게 잘 어울리는 이름,

뜻도 좋고 부르기도 쉬운 이름,

그래서 이런 네 이름이 나온 거야.

이 이름이 네 마음에 꼭 들었으면 좋겠어!

우리가 주는 첫 번째 선물……,

좋아해 줄 거지?

☆ 너의 이름은…

days

너의 태몽은

너의 태명은

네가 태어난 시간은

AM.
PM.

네 몸무게는 kg이야.

너의 이름은 가 지었어. 너의 이름에 담긴 뜻은

Date

그렇게도 궁금해하던 네 얼굴을 가만히 보며

너무나도 애타게 맘마를 찾는 귀여운 입을 지켜본다.

따뜻한 엄마 품에 안기렴.

사랑을 가득 담아 줄게.

배불리 잠들게 해 줄게.

처음 맘마를 먹어요

_______ *days*

Date

어디를 잡아야 할까?

어떻게 씻겨야 할까?

너무나 작고 작은 너의 몸.

마치 비누 거품을 만지듯

마치 솜사탕을 호호 불어 내듯

조심조심 너를 씻기며 초보인 우리는 진땀을 흘렸어.

너도 곧 목욕을 좋아하게 될 거야.

뽀송뽀송,
목욕을 해요
days

Date

네가 웃으니

거짓말처럼 고된 피로가

말끔히 씻겨 나가.

네가 웃으니

부모의 행복이 무엇인지

알 것 같구나.

☺ 처음 웃었어요

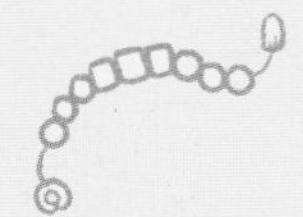

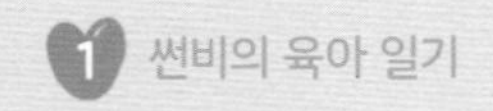

엄마의 하루

Date ___________________

너와 나의 작은 연결 고리가 떨어지던 날,

그동안 우리를 이어 주던

작고 소중한 일부를 보내며

크고 영원한 사랑을

이어 갈 것이라 다짐해 본다.

탯줄이 떨어졌어요

_______ *days*

Date

……많이 놀랐지 우리 아가,

이제 다시 따뜻한 집으로 가자.

토닥토닥 우리 아가,

오늘은 엄마가 더 꼬옥 안아 줄게.

예방접종을 해요

________ days

Date

무언가 말을 하는 듯

오물거리는 너의 입 모양.

우리 아기가 하는 첫 옹알이.

귀엽고 신기해서

엄마는 “아구! 아구!”

감탄사를 연발한다.

보고 또 보아도 사랑스러운 모습!

들어도 또 듣고 싶은 아름다운 소리!

옹알옹알, 옹알이를 해요

______ days

Sweet moment

Date

요렇게 작은데

벌써 손톱이 자랐구나!

너무 작고 귀여운 손이라

조심 또 조심!

잘려 나간

손톱들마저 귀여운

엄마 마음!

또각또각, 손톱을 깎아요

_____ *days*

Date

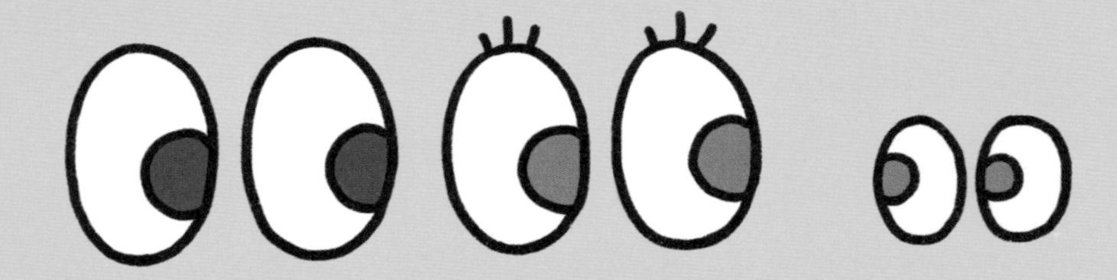

분명, 나를 보고 있어!

우리 아기가 나를 보고 있다고!

이렇게 나를 알아봐 줘서

네 눈빛을 볼 수 있게 해 줘서

모든 것이 고마워.

반짝반짝, 눈을 마주쳐요

__________ *days*

아가야, 엄마가 보이니?

널 파악해 줄게

아기를 키우다 보니,

아기가 뭘 원하는지만 알아도 쪼~금은 쉽다!

① 배가 몹시 고프면 주먹이나 팔뚝을 세게 빤다.

② 졸림.

③ 이불이 덥거나
오늘 먹은 양이 모자람.
또는 기저귀 축축함

④ 이유 없는 짜증엔
마사지가 최고!

혹시, 울면 어쩌지?
혹시, 응가를 하면 어쩌지?
집 앞에 잠깐 나가면서도
첫 외출은 걱정이 산더미 같았어.
게다가 챙길 것은 왜 이리 많은지…….
겨우 몇 분 너에게 바깥세상을 보여 주고
집으로 돌아와 버렸지.
하지만 엄마는
네가 태어난 뒤부터
점점 더 강해지고 있단다.
자아, 우리 힘내 보자!

두근두근, 설레는 첫 외출

_______ days

Date

쫍쫍쫍쫍…….

(맛있게도 먹네)

쫍쫍쫍쫍…….

(그렇게나 맛있니?)

침으로 범벅된 작은 주먹.

그것은 바로~ 주먹 갈비!

쭙쭙, 손을 빨아요

_______ *days*

Date

정말 고되었어.

처음엔 두세 시간,

조금 지나서는 서너 시간,

내가 눈을 뜨고 있는 건지,

지금이 낮인지 밤인지,

내 영혼은 어디 갔는지 모를……,

통잠 전까지의 엄마.

아가야, 앞으로도 쭈욱~

통잠을 부탁해!(제발!)

쿨쿨, 통잠을 자요

_______ *days*

Date

"우아! 우아!"

엄마는 0.5초 만에 카메라를 집어 들지!

"우리 아기가 목을 가누었어요!"

옆에 아무도 없는데

누군가에게 자랑하고 싶은 마음!

"장하다, 우리 아기!"

days

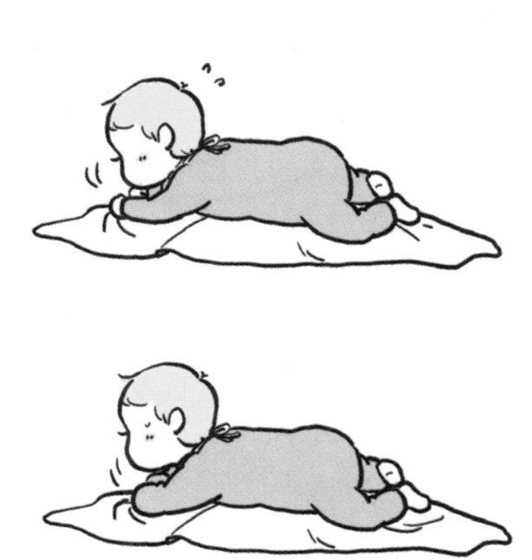

Date

아기를 키우는 일이란
신기함의 연속이다.
기쁨의 연속이다.
앙증맞은 손으로 물건을 꼭 잡고
나를 바라본다.
정말 내가 낳은 거지?
보고 또 보아도 대단하고 놀라운
우리 아기.

물건을 잡아요

_______ *days*

너와 나의 타이밍

아기를 보다 잠이 쏟아지면 어떻게든 이겨내 보려 한다.

버티고 버티다 - 입속에 무엇이든 넣어 본다.

1~2 시간 후, 다시 졸음이 오면…

Date

조금만 더! 조금만 더!

네가 뒤집기에 성공하던 날

왠지 모를 뿌듯함과 대견함에

엄마는 감동했어!

너도 기쁘지?

잘했어! 우리 아가!

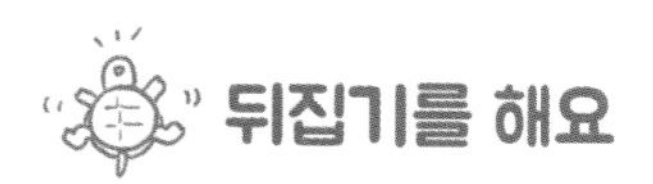

뒤집기를 해요

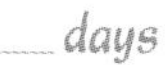

days

Date

네가 태어난 지 벌써 100일이라니!

어쩜 시간은 빠르기도 하지!

엄마는……,

네가 얼른 자랐으면 하는 마음도 있지만

오로지 엄마만 바라보는 이 시기가

천천히 갔으면 하는 마음도 있단다.

너와 함께하는 하루하루가

소중하고 소중해서…….

그동안 잘 자라 줘서 고마워.

우리에게 와 줘서 고마워.

100일이 되었어요

_____ *days*

My dear Baby

Thank you for coming to Us!

Date ________________

걱정했던 것과는 달리
너는 꼴딱꼴딱 잘 받아먹는구나.
양이 많은 것도
다양한 재료를 넣는 것도 아닌데
왜 엄마는 만들면서 진땀을 뺐던 걸까?
그러곤 너에게 물어 본다.
“새로운 식사는 어떠셨나요?
내일도 정성껏 만들어 드릴게요!”

냠냠, 이유식을 먹어요

_______ *days*

Date ____________

First Tooth

얼마 전부터 아랫잇몸에

하얀 게 보이기 시작하더니

드디어 네 첫 젖니가 올라왔어!

아, 정말 귀여워!

네가 입을 벌릴 때마다

살짝살짝 보이는 젖니 때문에

귀여운 아기 토끼 같아!

너는 내 귀요미!

첫 젖니가 나요

_______ *days*

Date

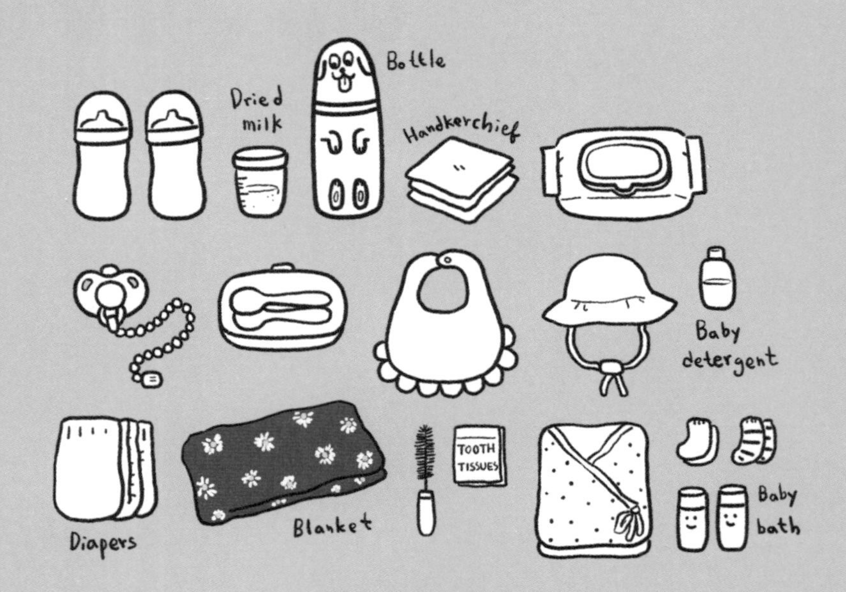

넣어야 할 물건은 더 있는데
빼도 되는 물건은 하나도 없구나.
너 자체만으로도 소중한 여행.
너와 함께해야 하는 모든 것들도 소중한 여행.
모두모두 챙겨 간다.
잔뜩 긴장한 우리를 위해
여행 내내 잘 부탁해.

첫 장거리 여행

_______ days

너님의 존재감

임신했을때는 존재감이 수박씨만 하더니…

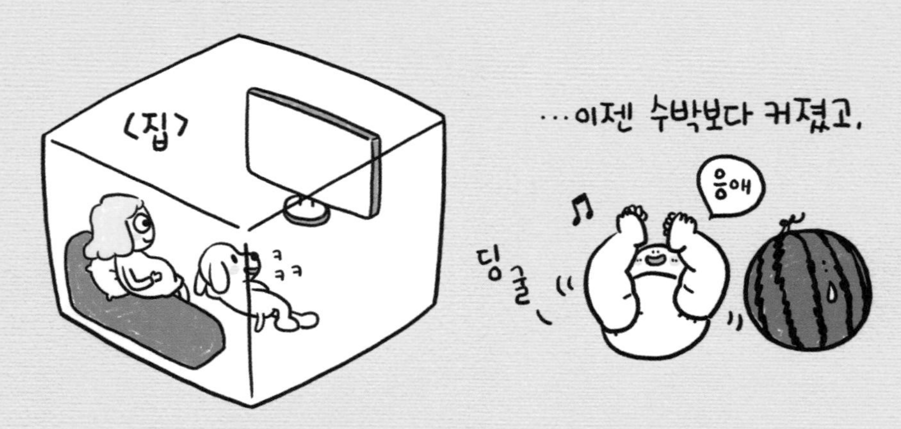

존재감은 집보다 커졌다.

…나는 그렇게 엄마가 되었다.

Date

괜찮아.

괜찮아.

아가, 낯설고 두려운 세상이지만

엄마가 항상 네 옆에 있을 테니

더 많은 것들을 보고 느끼고

경험했으면 좋겠어.

괜찮아.

괜찮아.

낯가림을 해요

__________ days

Date

이렇게 기쁜 날이 또 있을까.

네가 우리를 불러 주었을 때

정말 놀라웠고 이루 말할 수 없이 기뻤단다.

아가야, 또 무슨 말을 할 수 있니?

다시 한 번 더 들려주렴!

첫 단어

________ *days*

Date

엉거주춤 어딘가 기대어 앉는가 싶더니

어느 순간 혼자 힘으로 앉게 된 너.

어때? 세상 보기가 한결 편해졌니?

혼자 앉아요

_____ *days*

Date

벌써 200일!
배 속에서 꼬물대던 너의 느낌이
아직도 생생한데
이제는 세상에 나와 함께한 시간이
이렇게도 흘렀구나.
너와 함께해서 행복해.
네가 우리 가족이어서 행복해.

200일이 되었어요

______ *days*

my dear Baby

갓난아기였던 네가 스스로 앉게 되고

옹알이 버전이 10번 트랙 정도 나왔을 때

우린 함께 외식을 하게 되었지.

엄마 아빠는 밥을 코로 먹었는지 귀로 먹었는지

많이도 당황했고 서툴렀구나.

하지만 정말 기쁘기도 해.

너와 함께한 첫 외식 날.

소중히 기억할게.

첫 외식한 날

_______ *days*

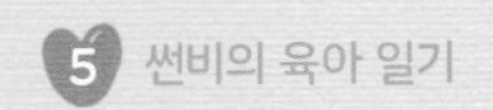

잘 먹어 줘서 고마워

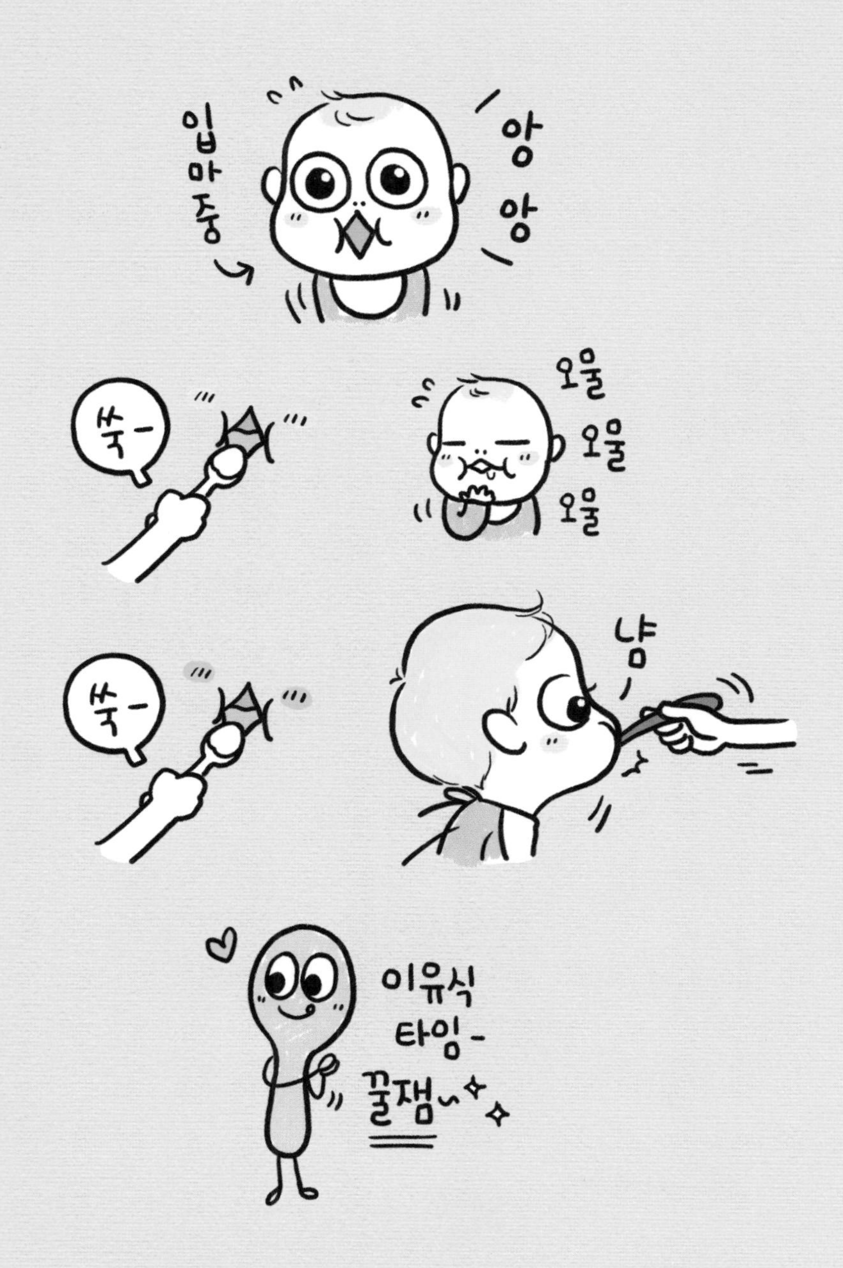
입마중
앙앙
쭉-
오물
오물
오물
쭉-
냠
이유식
타임-
꿀잼~

Date

바나나를 먹이고 네 눈 한 번 보고

수박을 먹이고 네 눈 한 번 보고

네가 잘 먹으면

그렇게 좋더라.

네가 더 달라고 입 벌리면

더 더욱 행복하더라.

Strawberry

Banana

첫 과일

______ days

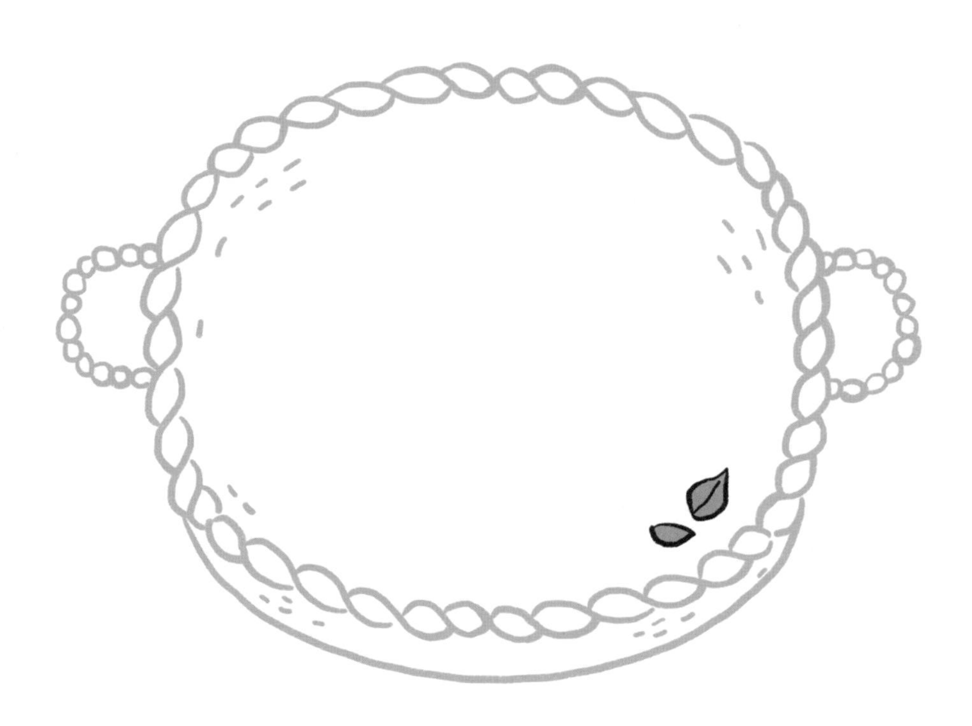

Date

두둥실 두리둥실~~

엄마 배 속에서 수영했던 거 기억나니?

자, 그때로 돌아가 볼까?

물 채우랴 온도 맞추랴 고생했지만

작은 네가 두둥실 떠 있는 모습을 보니

미소가 절로 나는구나!

첫 수영을 해요

________ *days*

Date

침으로 녹여 먹는

아기아기한 과자.

손에 꼬옥 쥐고는

열심히도 먹는구나.

이유식보다 맛있게는 먹지 말아 줘.

주먹갈비보다 숨 가쁘게 먹지 말아 줘.

첫 과자

_____ days

Date ____________

언제부터인가 너는 안아 줘야 잠이 들었어.
이제 엄마 허리는 네 몸무게가 버거운데
칭얼거리는 널 보면 또 안고 말았지.
그런데 신기하게도 오늘은
혼자 뒹굴뒹굴하다가 잠이 들었어.
아, 좋아서 눈물 날 것 같아.
혼자 잠든 네 모습은 천사가 따로 없구나!
(앞으로도 쭈~욱 잘 부탁해!)

혼자 잠들었어요

_________ days

Date

영차! 영차!

슬슬 시동을 거는 너.

엄마는 주변 정리 들어갑니다!

우리 아기 집 안 순찰 다닐 때

걸림돌이 없도록 말예요.

배밀이를 해요

days

육아란

특별한 듯 평범한 일.
평범한 듯 특별한 일.

키우는 사람이 '나'라는 일.

Date ____________

네 눈 가득 푸르른 바다를 채워 넣은 날!

상쾌한 바람도, 짭조름한 냄새도, 시원한 파도 소리도

모든 게 신기한지 한참을 바라보던 너.

이렇게 넓고 큰 세상이 있단다.

이렇게 넓고 크게 너를 사랑한단다.

첫 바다 구경

_______ days

Date ____________

옳지 옳지 잘한다!

무언가 하나씩 성장할 때마다

너무나도 기특해!

놀라운 속도로 성장하는

너를 응원해!

영차영차, 기어요

_____ *days*

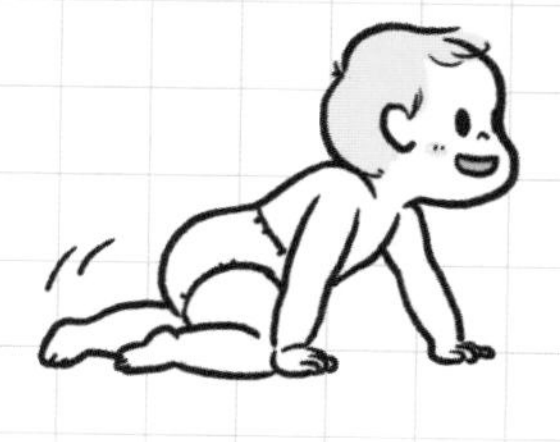

Date

아가야, 가만히 좀 있어 보렴.

너의 뽀송한 엉덩이를 위해

잠시만 기다려 주렴.

얌전히 기다리는 건 못 하겠다는 너.

조금만 기다려 주면

바람에 스치듯 갈아 줄게!

잠시도 가만히 있지 않아요

_______ *days*

Date ____________

통통한 엉덩이가 봉긋 솟아오른다.

그리고 점점 사라지는 너의 모습!

어딜 가는 거니?

나의 작은 꼬마 탐험가.

"ㄹ ㄴ" 잠자리에서 탈출해요

_______ days

Date ________________

허허벌판 같던

네 머리에

머리카락이

삐죽삐죽 솟아오르더니

귀여운 밤송이가 되었네.

삐죽삐죽 네 밤송이머리는

밤톨만 해서 더 귀엽구나!

밤송이머리가 되었어요

_______ days

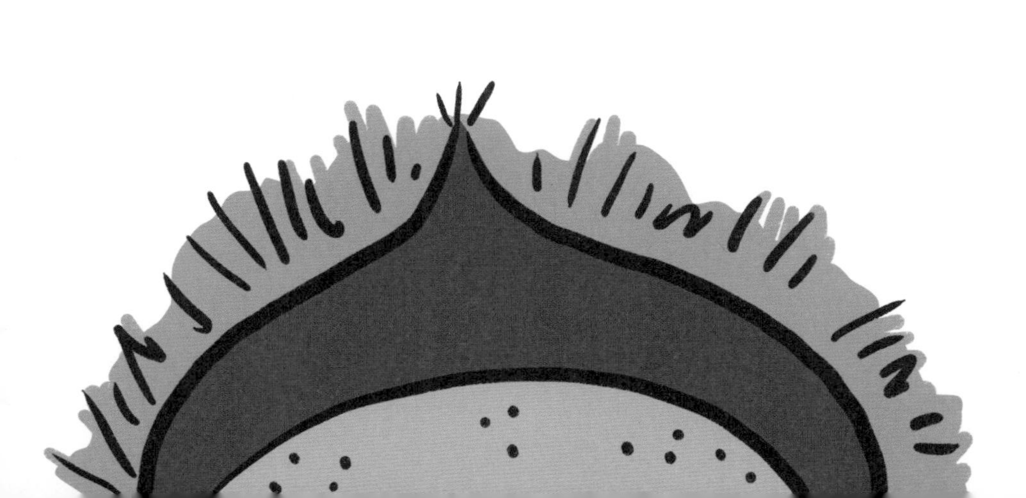

레디~고!

쳇.. 오늘도 ㅡ..ㅠ

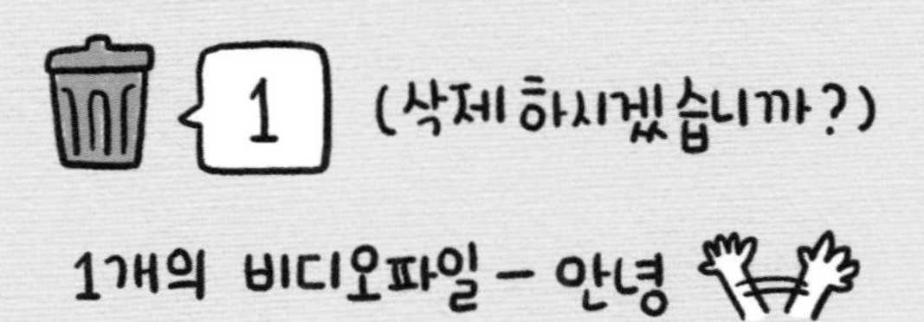

1개의 비디오파일 – 안녕

Date

눈앞에 있는 건 모두 입으로 쏘~옥!

널 모든 것이 먹을 것으로 만들어진

과자의 집으로 데려가야 할까?

덕분에 엄마는 매일매일 닦고 삶고 세척 중!

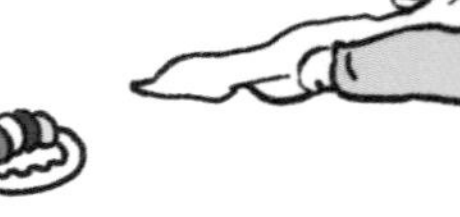

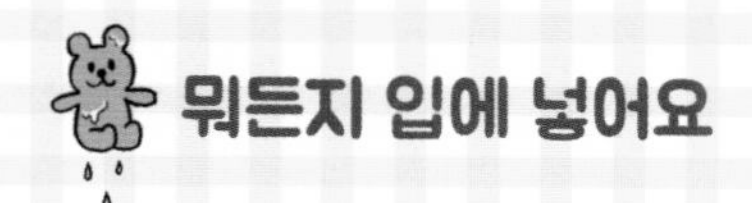
뭐든지 입에 넣어요

days

Date ______________

열이 오른다.

엄마의 걱정도 하늘 높이 오른다.

네가 처음으로 아프다.

엄마도 새로운 두려움과 슬픔을 마주한다.

네가 이겨 낼 때까지

엄마에게 휴식은 없다.

아프지 마라, 아가야!

어서 나으렴.

처음 아팠던 날

______ days

Date

아프고 나더니 엄마 껌딱지가 되어 버린 너!

엄마가 안 보이면 곧바로 앙 울어 버렸어.

너는 엄마가 사라질까 두려운지 그 작은 손으로

엄마를 꽉 붙잡고 놓지 않았지.

그런 너 때문에 화장실조차 가기 힘들었어.

엄마는 너를 꼭 안고 속삭여 본다.

"엄마가 보이지 않아도 걱정하지 마.

엄마는 언제나 너에게로 돌아올 테니!"

엄마 껌딱지가 되었어요

______ days

Date ____________

우리 상전님 기립하시었네.

이제 더 넓은 세상을 보게 되었으니

엄마 손은 더 바빠지겠구나.

그래도 기특하다!

엄만 기쁘다!

매일매일 너의 성장이

놀랍고 대견해!

혼자 서요

_______ *days*

Date ....

곤지곤지 잼잼~

작은 손가락으로 조물조물 따라하는 너.

'열심히 가르친 보람이 있구나!'

무언가를 따라하는 네 모습은

뭉클하고 따뜻하고 귀여워.

그런 네 모습을 놓치고 싶지 않아서

엄마는 또 새로운 걸 가르치고 또 감동받는다.

곤지곤지 잼잼을 해요

__________ days

엄마와 엄마의 대화

'정말 내가 낳은 아기인가'… 신기해.

신기해?

응. 아직도 믿기지가 않아
내가 이 앨 낳았다는 게….

응애♪

내…
배 속에서 나왔다는 게.

엄만 아직도 그래-!
아직도 아가아가 하던
네가 생각나고
사랑스러워.

Date

뒤뚱뒤뚱!

기저귀 찬 빵빵한 엉덩이를 흔들며

앞으로 전진! 전진!

이 놀라운 광경을

이 사랑스런 장면을

엄마는 세상에서

가장 행복한 기억 중

하나라 부를 거야.

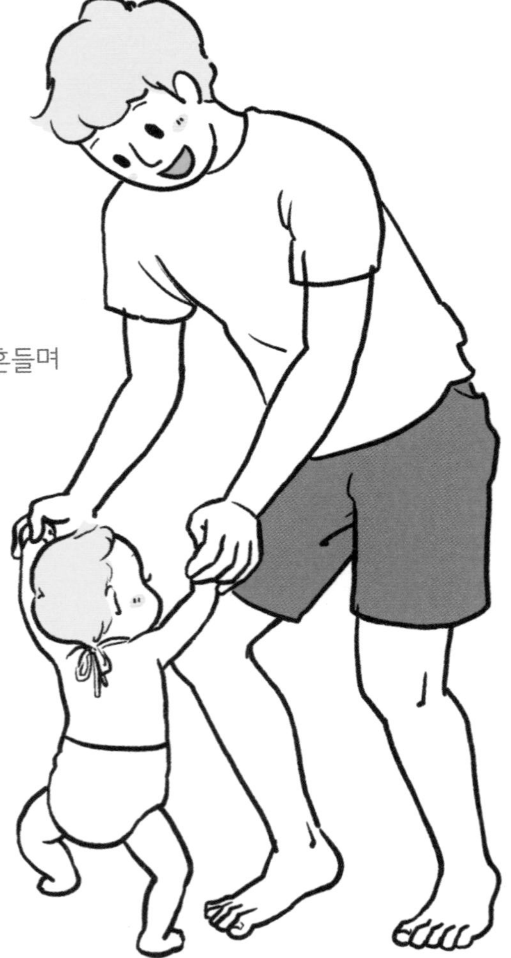

걸음마를 시작해요

_______ *days*

Date

아주 잠깐 너를 혼자 두었는데
여기저기 어질러진 물건들.
엄마를 깜짝깜짝 놀라게 하는
너의 귀여운 솜씨.
네 천진난만한 얼굴을 보고
나도 모르게 웃고 말았네.
네가 즐거웠다면 됐어.
하지만 이다음은 없길 바라!(제발!)

_____ *days*

Date ____________

언제쯤 혼자 걸을까?

엄마는 늘 궁금했단다.

누워서 바둥거리던 네 모습이 선한데

어느새 자라 땅을 딛고 일어나 걷는다.

소중한 너의 시간은

더딘 듯 빠르게 흘러간다.

혼자 걸어요

days

Date

오늘따라 가위는 왜 이리도 날이 서 보이는지

오늘따라 너는 왜 이리도 춤을 추듯 움직이는지

긴장이 어깨를 타고 목까지 차오른다.

아가야, 조금만 기다려.

예쁘게 해 줄게.

아니, 넌 어떤 머리라도 예쁠 거야.

처음 머리를 잘라요

______ days

Date

우리 아기가 태어난 지 일 년!

처음으로 엄마가 되어 울고 웃으며 너를 키웠지.

아기를 키운다는 건, 결코 쉬운 일이 아니더라.

힘들고 지쳐서 울기도 하고 너무 행복해서 울기도 했어.

이렇게 잘 자라 주어서 고마워.

함께해 준 가족들 고마워요.

그리고……

일 년 동안 수고했다, 내 자신아!

첫 돌이 되었어요

_______ *days*

먼 훗날 너에게

아가야!

너의 아버지는 네가 태어난 후 -

단 한 번도 술을 먹고 늦게 오거나 집안일을 방관하지 않았다.

오히려 엄마보다

더 성실하게 - 너를 돌봤다.

늘 퇴근하면

오자마자 너를 안았고 -

씻기고,

재웠다.

너와의 산책 중에

예쁘고 작은 꽃을 보면,

네 귀 옆에

꽂아 주던…

그런 아버지

였다…

아버지의 - 세상의 중심은 '너'란다.

그러니…

아버지의 사랑을 의심하지도, 섭하게 생각지도,

부족하다 여기지도 말아라.

넘치는 사랑을 받았으니- 늘 당당하게 자신감 있게- 세상에 맞서라.

그리고 - 행복해야 한다.

Date

부쩍부쩍 크는 모습이

귀엽고 사랑스러운 나의 아기.

너에게 딱 어울리는 별명을 지어 줄게!

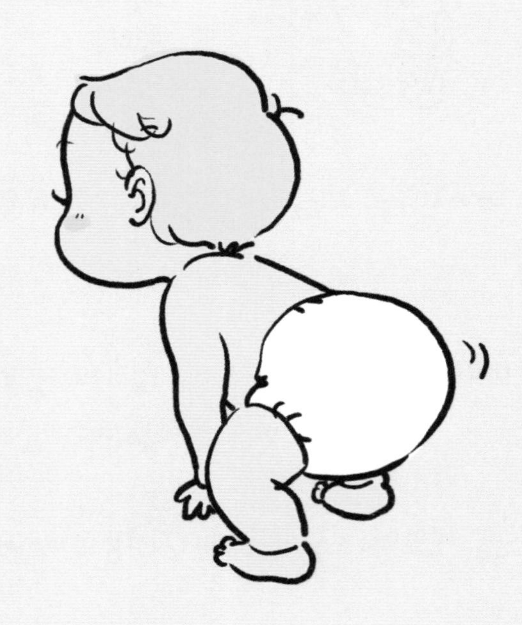

너의 별명

_______ *days*

Love my baby

Date

너에게 첫 소중한 친구가 생겼어.

눈만 뜨면 찾는 귀요미 인형!

엄마도 예뻐해 줄게.

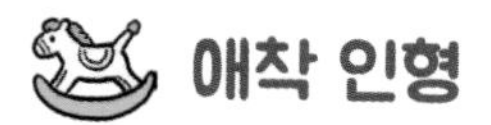

애착 인형

________ *days*

YOUR
PRECIOUS
FRIEND

Date

냠냠 맛있게도 먹는다 싶은 날이 있다가도
픽픽 고개를 돌리며 뱉는 날이 있다.
엄마의 기분도 덩달아 오르락내리락.
셰프는 쉬운 직업이 아닌 것 같구나.

Yum yum yum!

좋아하는 음식, 싫어하는 음식

_______ *days*

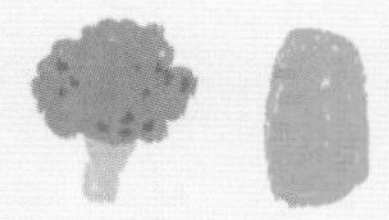

No!

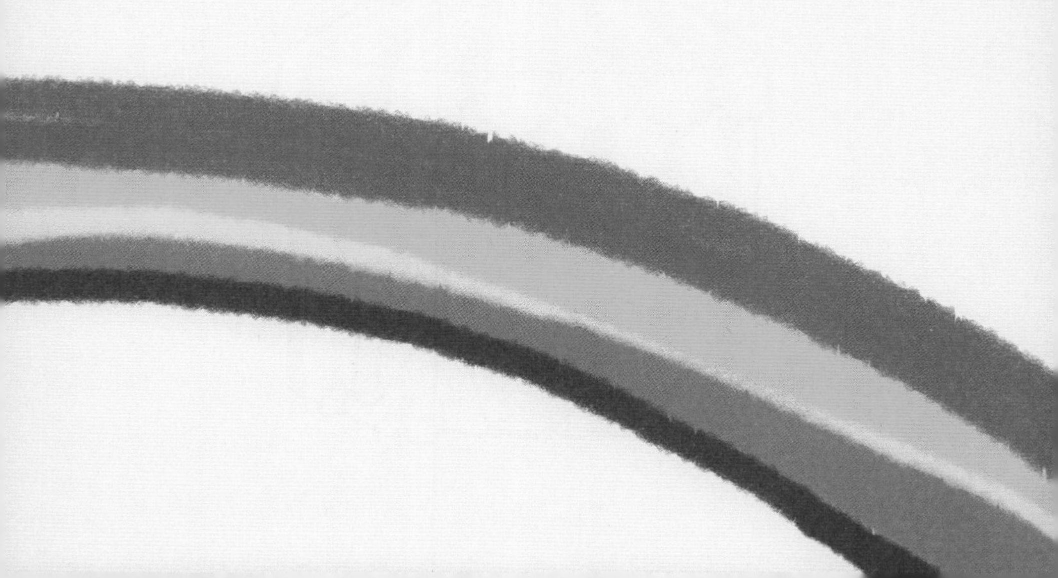

Date

보드라운 머리칼이 살랑 흔들리다 사라진다.

조그마한 발이 살짝 보이다 사라진다.

통통하게 기저귀를 찬 엉덩이가

왔다 갔다 하는 너만의 작은 공간.

엄마를 궁금하게 만드는 네가 좋아하는 장소.

이렇게 좋아하는 것들이 하나둘

늘어나는 것만큼

네가 잘 자라고 있다는 증거겠지!

좋아하는 장소

_______ days

Date

너를 웃게 만드는 놀이.

보석보다 귀하고

반짝반짝 별빛처럼 빛나는

너의 웃음을 볼 수 있는 놀이.

좋아하는 놀이

_______ *days*

Date

너덜너덜 이제 다 읽었다 싶으면

또 들고 온다.

너덜너덜 이제 오늘은 다 본 거겠지 싶으면

또 들고 온다.

이 책이 그 책.

맨날 들고 오는 그 책.

좋아하는 책

_______ days

네가 독립하는 그날까지

혼자 모든 것을 할 수 있게 되면

너는 엄마 곁을 떠나겠지.

그래도 엄마는 네가 혼자 뭐든지 할 수 있게

최선을 다 할 거다.

MY SWEET BABY

사진 붙이기

사진 붙이기

ye~ah!
사진 붙이기

작가의 말

아기는 생각보다 빨리 자랍니다.

이 말은 이제 아기가 세 살이라 조금 살 만한(?) 제가 하는 말입니다.

사실 아기가 돌이 되기 전까지는 시간이 멈춘 듯 천천히 흘렀습니다.

처음 경험하는 육아는 너무나 힘들고 어려웠어요.

밤 수유를 하며 울기도 했고 어깨, 허리, 손목……,

안 아픈 곳이 없었습니다.

그래서 힘들 때마다 내용을 기록하고

스스로를 다독이기 위한 그림을 그렸습니다.

육아는 '누구에게나 힘든 일'이고 '누구보다도 행복해지는 일'이라고 생각합니다.

그리고 아기가 자라날수록 그 기쁨과 행복이 더 커지는 일이라 생각합니다.

앞으로도 쭈욱 '긍정 육아'를 함께 하고 싶습니다.

감사합니다.

이 모든 것은 당신이 있어 가능했어요.
-사랑하는 남편에게-

SundayB

썬비 SundayB

어렸을 때부터 매일 그림을 그릴 만큼 그리는 것을 좋아했다.
어른이 되어서도 웹툰, 캐릭터 디자인, 일러스트 등 그림 관련 일을 했다.
그러다 삼십 대에 인생에서 가장 큰 영감을 주는 아기를 낳았다.
회사에 임신과 출산, 육아에 대한 궁금증을 의논할 선배가 없어서 그리기 시작한
'썬비의 그림 일기'가 엄마들에게 전폭적인 지지를 받으며 인스타그램에서 유명인이 되었다.
육아를 하면서 느끼는 행복은 전염되고, 고됨은 나누어 풀었으면 좋겠다는 생각으로
꾸준히 육아툰을 그리며 육아를 주제로 한 다양한 작업을 하고 있다.
지은 책으로는 《월화수목육아일》이 있다.
인스타그램 @sundayb / 네이버블로그 sundayb.net

너의 모든 순간을 기억할게

생후 0~12개월 아기 성장 다이어리

초판 1쇄 발행 2018년 7월 20일 | 초판 2쇄 발행 2018년 8월 6일

지은이 썬비
펴낸이 연준혁

스콜라 대표 신미희
출판 8분사 분사장 최순영
편집 박현숙 | 디자인 이나혜

펴낸곳 (주)위즈덤하우스 미디어그룹 | 출판등록 2000년 5월 23일 제13-1071호
주소 경기도 고양시 일산동구 정발산로 43-20 센트럴프라자 6층
전화 (031) 936-4000 | 내용문의 (031) 936-4168 | 팩스 (031) 903-3891
홈페이지 www.wisdomhouse.co.kr

값 13,800원
ISBN 979-11-6220-545-7 13590